www.ingramcontent.com/pod-product-compliance
Lightning Source LLC
Chambersburg PA
CBHW030950240526
45463CB00016B/2319
9781706967088